英国演化生物学家、BBC（英国广播公司）科普节目主持人

BEN GARROD

给孩子的恐龙书

［英］本·加罗德 著　方琳浩 译

暴龙

中信出版集团·北京

图书在版编目（CIP）数据

暴龙 /（英）本·加罗德著；方琳浩译 . -- 北京：
中信出版社，2019.1
（给孩子的恐龙书）
书名原文：So You Think You Know About
TYRANNOSAURUS REX？
ISBN 978-7-5086-9757-4

Ⅰ. ①暴… Ⅱ. ①本… ②方… Ⅲ. ①恐龙 - 少儿读
物 Ⅳ. ① Q915.864-49

中国版本图书馆 CIP 数据核字 (2018) 第 258081 号

暴龙
（给孩子的恐龙书）

著　　者：[英] 本·加罗德
译　　者：方琳浩
出版发行：中信出版集团股份有限公司
　　　　　（北京市朝阳区惠新东街甲 4 号富盛大厦 2 座　邮编　100029）
承　印　者：北京画中画印刷有限公司

开　　本：880mm×1230mm　1/32　　　印　　张：3.375　　字　　数：65 千字
版　　次：2019 年 1 月第 1 版　　　　　印　　次：2019 年 1 月第 1 次印刷
京权图字：01-2018-6995　　　　　　　广告经营许可证：京朝工商广字第 8087 号
书　　号：ISBN 978-7-5086-9757-4
定　　价：38.00 元

　　　　　　　　　　　　　　　　　　　版权所有·侵权必究
　　　　　　　　　　　　　　　　　　　如有印刷、装订问题，本公司负责调换。
出　　品：中信儿童书店
策　　划：中信出版·神奇时光　　　　　服务热线：400-600-8099
策划编辑：韩慧琴　邵　安　　　　　　　投稿邮箱：author@citicpub.com
责任编辑：韩慧琴　　　　　　　　　　　网上订购：zxcbs.tmall.com
装帧设计：灵思舞意　王　卓　　　　　　官方微信：中信出版集团
　　　　　　　　　　　　　　　　　　　官方网站：www.press.citic

送给以成为
科学极客为荣的孩子们

　　本·加罗德博士是一位特别的资深极客，在一周的时间里，我在电话上询问了他很多新奇的生物学问题，他每个都能答上来。阅读这本书的小读者能遇到这样一位好老师，真的是太幸运了。

　　科学渗透在我们的生活中。所有事物的运转都离不开科学，那些杰出的科学家和技术员是世界上最厉害的人。

序

史蒂夫·巴克肖博士

研究古生物和恐龙不仅仅是发掘地下的化石，更多的是帮助我们了解地球，认识很久以前生活在地球上的各种生物。本·加罗德博士将还原各种生物，带你穿越，让你能够见到过去，看到未来。变聪明是一件好事情，小读者们要热爱自己心中的那个极客，探索这个有趣而复杂的世界。

让我们开始极客之旅吧！

自序

Hey Guys

想象一下，有一样东西，每个人都可以得到。它十分有趣、令人着迷，而且免费。它还能向你展现我们地球上以及地球外的新事物。听起来很不可思议，对吧？

这个神奇的东西就是"科学"。

科学时时刻刻萦绕在我们身边。从太阳升起时小鸟在树上歌唱，到做一杯好喝的奶昔，甚至到恐龙化石的形成，都有着科学的身影。如果你热爱科学，你就可以探索宇宙了。

如果你觉得这有些太"极客"了，那就对了，我们应该为此自豪才对。成为一名极客意味着你对一个学科极其着迷。我对大自然就一直非常着迷。

在学校参加越野比赛时，我在沙滩上发现了一个1.8米长的大鲨鱼尸体，我把它扛回学校，准备利用午餐的时间解剖它，但我对当时体育老师却没什么印象了。

我对骨骼十分着迷，我钻研它们，教授关于它们的知识，并且在家中收藏（当然是经过许可的）。在我家的客厅沙发上方的一角，就放着我的猴子骨架化石，它的名字叫作萝拉。做一名极客会让你十分有灵感并且会推动你持之以恒地获得你想要的。

我在挪威斯瓦尔巴群岛研究海象和北极熊，在马达加斯加岛研究鲨鱼，甚至在非洲丛林和大猩猩一同生活。

现在我是一名演化生物学家，我研究动物们是如何改变生活方式的。

自从五岁那年在诺福克海滩第一次看到化石，我就深深地迷上了化石和恐龙。我的父亲找到了一块箭石，大约有我的指头长，它就一端钝、一端尖，中部是中空的。它就像是一个石头做的子弹，我父亲也是这么和我说的……实际上它是距今一亿年的史前鱿鱼的壳体化石。恐龙生活的世界一定与现在有天壤之别，这让我开始思考像恐龙这样的史前生物，它们是如何生活的，它们长什么样子，它们的生活习性如何。剑龙的早餐清单里有什么，暴龙的速度有多快，雷龙的粪便有多大，我的心中充满了疑惑。

在这套"给孩子的恐龙书"中，让我们一起来看看最有名的几种恐龙，并且通过最先进最有趣的科学方法将它们"复原"，看看它们如何每天填饱肚子以后快乐地蹦蹦跳跳，看看它们如何在夜晚寻找食物，以及为什么有些掠食者变成了植食性恐龙。大量惊人的发现会告诉我们恐龙长什么样子，它们的皮肤是什么颜色的，甚至它们的声音听起来如何。这套书中出现了大量的科学新观点，这会让你了解到世界恐龙研究的最新发现。

一起成为一名极客吧！

本·加罗德

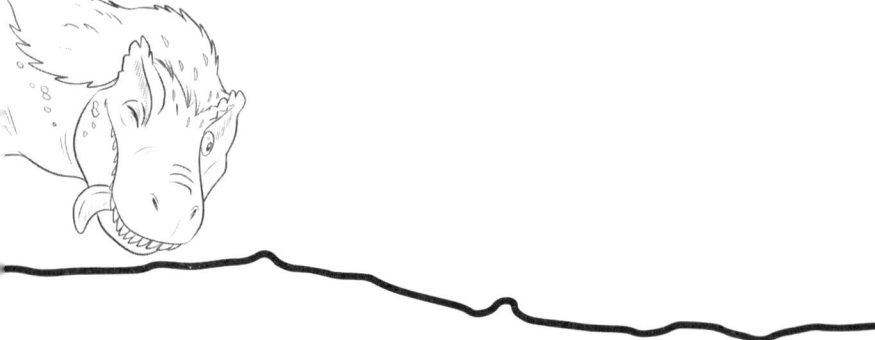

目录

第一章

初识恐龙

什么是恐龙

让我们从简单的事物开始，看看恐龙是什么。

> 到底什么是恐龙呢？
> 它们是一种巨大的可怕的蜥蜴吗？

> 什么？像暴龙一样？

> 嗯……是的，那鳄鱼呢，它们是恐龙吗？

> 不，鳄鱼不是恐龙，
> 它们是两个物种。

> 恐龙是一种灭绝了的
> 大型爬行动物吗？

> 嗯，可以说是，但实际上也并不全是。恐龙理论上应该属于爬行动物，却不是我们今天看到的爬行动物，而且并不是说所有恐龙都灭绝了。

真的吗，恐龙竟然没有全部灭绝？

没有，根据科学分类法，鸟类就是依然现存的恐龙。

那么家鸡也是恐龙了？

是的，鸡也是一种恐龙。

鸵鸟也是？

是的。

即使是小巧可爱的麻雀也是恐龙？

是的。所有鸟类。

但是鳄鱼却不是？

对，所有的爬行动物都不是恐龙。另外，包括上龙、帆龙、翼龙在内的古生物都不是恐龙。

到底什么是恐龙？我是一只恐龙吗？

判别恐龙很复杂，但是人类绝对不是恐龙。

3

我们认为有很多特征是恐龙特有的，也有一些特征是恐龙一定没有的，但是我们却没有一个所有人都认同的判别标准。确实没错，目前还没有一个统一的标准来定义"恐龙"。不可思议，对吧！

那么，为什么不能建立一个统一的标准呢？因为恐龙遍布地球各处，而且形态各异。下次当你去购物时，站在水果和蔬菜的摊位上，你试着给这些水果和蔬菜分类，哪些是水果？哪些是蔬菜？番茄是一种水果，但是我们却不用它制作水果沙拉。明白我的意思了吗？还有坚果，花生甚至都不算是一种坚果。所以给它们分类是非常复杂的，而且恐龙的种类远比超市里面的货物要繁杂得多。

让我们先从恐龙这个单词开始吧。恐龙（Dinosaurs）这个词在科学界是由著名的古生物学家理查德·欧文爵士（伦敦自然历史博物

馆的创建者）在1842年首次提出的。"dino"来源于希腊语的"恐怖"一词。"-saur"（或者-saurus）来源于希腊语的"蜥蜴"一词。它们合在一起就是"恐怖的蜥蜴"。取这个名字并不是因为恐龙有锋利的爪子和牙齿，而是因为理查德·欧文想向大家展现恐龙的庞大、惊人和炫酷。顺便说一下，恐龙实际上不是蜥蜴。它们属于爬行动物大家庭，但又在边缘——它们就像爬行动物的奇怪亲戚。我们也有很奇怪的亲戚，不是吗？我们和奇怪的亲戚同属一个家族，只是长相和行为差别非常大。

所以恐龙并不可怕，也不是蜥蜴。我们依然要找到判断到底什么是恐龙的方法。就像在超市里给水果和蔬菜分类，恐龙的大小和形状也非常不同。一些是肉食性恐龙，另一些是植食性恐龙，有一些是杂食性恐龙。有一些恐龙捕食鱼类，有一些吃肉，有一些吃虫子，有一些吃树叶，有一些吃植物种子。恐龙会飞翔，或者会游泳，或者会奔跑，或者会攀岩……但并不是所有的恐龙都有这些本领。

暴龙肯定不会飞翔。

一些恐龙双足站立，靠双腿走路，比如异特龙。

 一些四足动物，靠四条腿走路，比如剑龙。

 一些恐龙既可用双足也可以用四足走路，这取决于它们的心情，比如禽龙。

 一些恐龙体形非常小，可以坐在你的肩膀上。它们可能会将你的耳朵咬下来。

 一些恐龙体形庞大，它们可以坐在你的家里，可能会将你的房屋毁坏。

 一些恐龙有头冠，另一些恐龙有角、棘刺、盔甲。

迄今为止，已经发现约一千种不同的恐龙。科学家们发现的越来越多，科学设施也越来越发达，这能够更好地识别在博物馆和大学里保存的化石。

这就是恐龙

恐龙有那么多属种，而且外形相差很大，所以我们必须仔细去识别化石，看看它们是不是恐龙。我们判断恐龙化石有三个特征，通常如下：

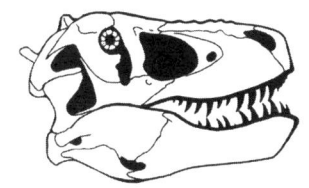

其一，恐龙头骨的每只眼睛后面有两个朝向头骨后部的颞孔。

也就是说，恐龙是双孔亚纲。也许令你感到费解。我们人类作为哺乳动是单孔亚纲，即眼睛后部只有一个颞孔。下次再去当地博物馆参观时，留意一下恐龙头骨，你会发现它们眼睛后部有两个颞孔。

其二，所有恐龙的腿都是垂直于身体的。

下次当你去户外时可以观察一下鳄鱼的腿（但记得不要靠太近）。鳄鱼与我们人类直立的双腿不同，它的腿会在中间某处弯折。所有有腿的爬行动物，诸如鳄鱼和它们的近亲蜥蜴的腿都是这样弯曲的——从身体两侧向外伸出后再向下弯折。

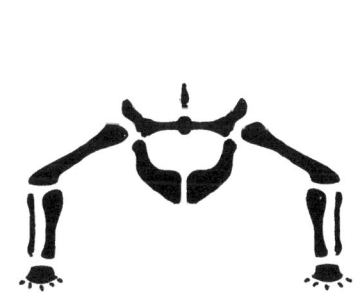

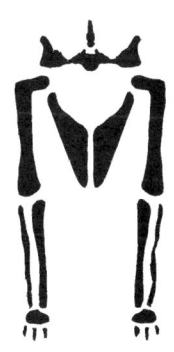

鳄鱼

恐龙

其三，恐龙的前肢很短。

我们都知道暴龙和它的近亲恐龙有着非常短小的前肢，但其实几乎每一只恐龙的前肢都比我们想象中的要更短一些。低头看一看你的胳膊——上臂骨头（肱骨）仅仅比下臂骨（桡骨和尺骨）长一点。但对于恐龙来说，桡骨一般至少比肱骨短 20%。

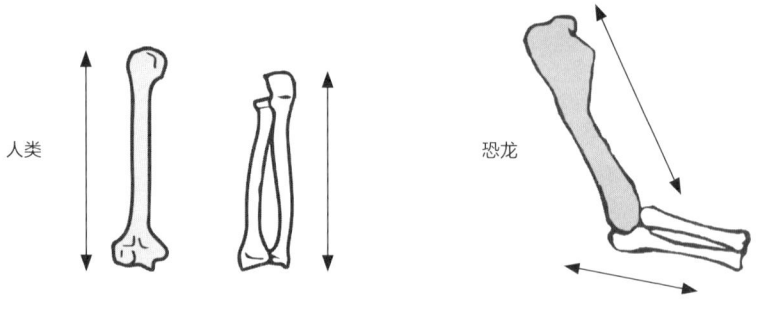

恐龙鉴定单

 在眼窝之后的两个洞（上下颞孔）之间，有一个深凹，称之为颞上窝。

 大多数恐龙的颈椎骨还有额外的突出，仿佛每个骨节两边都长了一个小小的翅膀。这些突出的小块学名叫作上突。

 在前肢上部的肱骨边缘有一块隆起，用来附着巨大的肌肉组织。这块隆起约占肱骨长度的 30%。

股骨上的隆起（第四转子）巨大而且棱角分明，能够让肌肉附着。

头后骨骼并未在中部愈合。

胫骨突出并向外生长。

在小腿腓骨和脚踝连接处，有一个大型的距骨凹。

科学家们的鉴别图鉴中还记录了很多其他的信息，帮助他们鉴定恐龙化石。如果我们能将这些标准全部对号入座，那么就可以百分之百确定这是一只恐龙。

其中一些显著的特征只能在恐龙化石中发现。为了能够识别它们，你一定要知道该寻找什么。下回再去博物馆参观的时候，请仔细观察恐龙的化石。

第二章

探索恐龙

暴龙

君王暴龙（*Tyrannosaurus rex*，以下简称暴龙，俗称霸王龙）或许是最有名的恐龙，也是最有名的动物之一。每个人都知道暴龙，对吧？这种恐龙是历史上最酷的肉食性动物之一，甚至它的名字也给它带去了恐怖的威名。"Tyrannos"来源于希腊语"暴君"（tyrant，另一个形容霸主的词），"saurus"，我们都知道那意味着蜥蜴，而"rex"是拉丁语的"王"的意思——因此它名字的大意是"暴虐的蜥蜴王者"。

暴龙是最大的兽脚类恐龙（双足肉食性恐龙，比如异特龙、南方巨兽龙、牛龙）之一，它生活在现在的北美洲的西部。

地质学家、艺术家阿瑟·雷克斯 1874 年在科罗拉多州（美国）首次发现了暴龙的少量牙齿。在接下来的几年里，相关骨头化石被陆续发现，1900 年，来自美国自然历史博物馆的馆长（绰号"骨头先生"）发现了第一具半完整的暴龙这个令人兴奋的新物种的骨架。

但它并不一直被叫作暴龙——它开始的名字叫强壮蛮横龙。暴龙这个名字第一次使用是在 1906 年。当科学家们意识到给了同一个物种两个不同的名字时，他们决定保留暴龙这个名字。

最大最完整的暴龙骨架在 1990 年被一位名叫苏·亨德里克森的业余古生物学家发现。这副骨架超过 85％ 的部分已经被找到并且陈列于美国的菲尔德自然历史博物馆。他们花了超过 750 万美元去购买这副骨架，它也是有史以来最贵的恐龙骨架。清理这个化石骨架花了超过 2.5 万小时（将近 3 年），以让它看起来尽可能酷。这副骨架是我们已知的年龄最大的暴龙的骨架，观察这副骨架，科学家们认为这只恐龙 28 岁。它看起来死于饥饿，吃了坏肉后因为寄生虫感染而得病。这个让人惊叹的化石被叫作"苏"，是以发现它的这位女士的名字命名的。想象一下，以你的名字来给暴龙命名……

恐龙家族树

如果我想知道关于你的所有事，那么我可以问你大量的问题，或者问你的父母、兄弟姐妹和祖父祖母。或许我问后者可以得知更多，因为

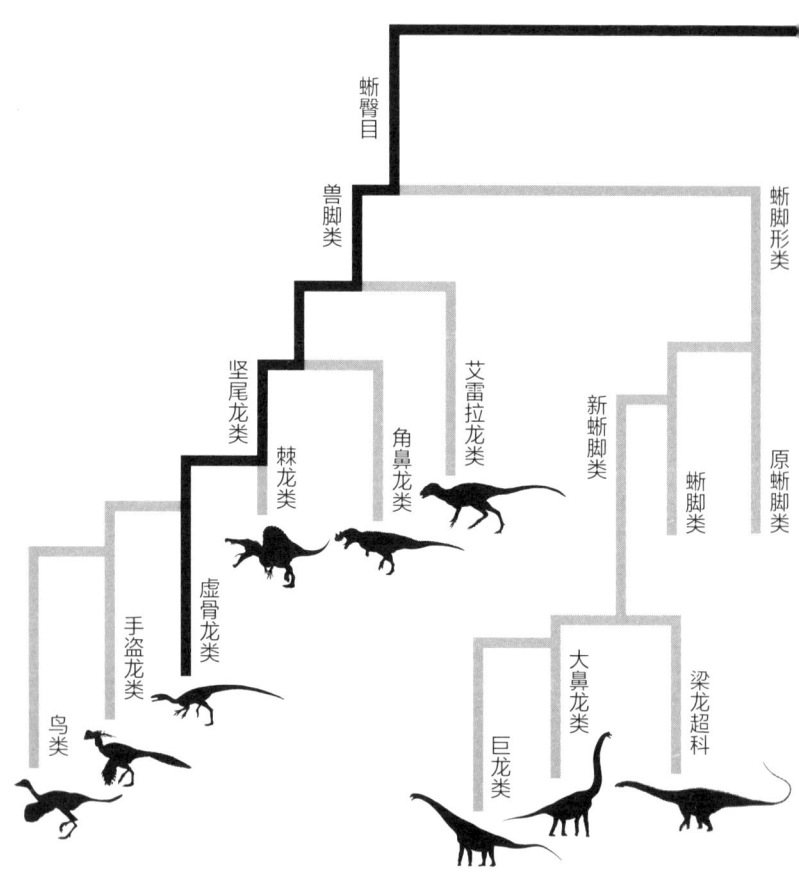

14

他们知道所有关于你的其他信息。在自然界中也是一样的。如果你想了解一个单独物种的信息，那么去观察它的近亲物种会得到更多帮助。那么，暴龙的家族树是怎样的呢？

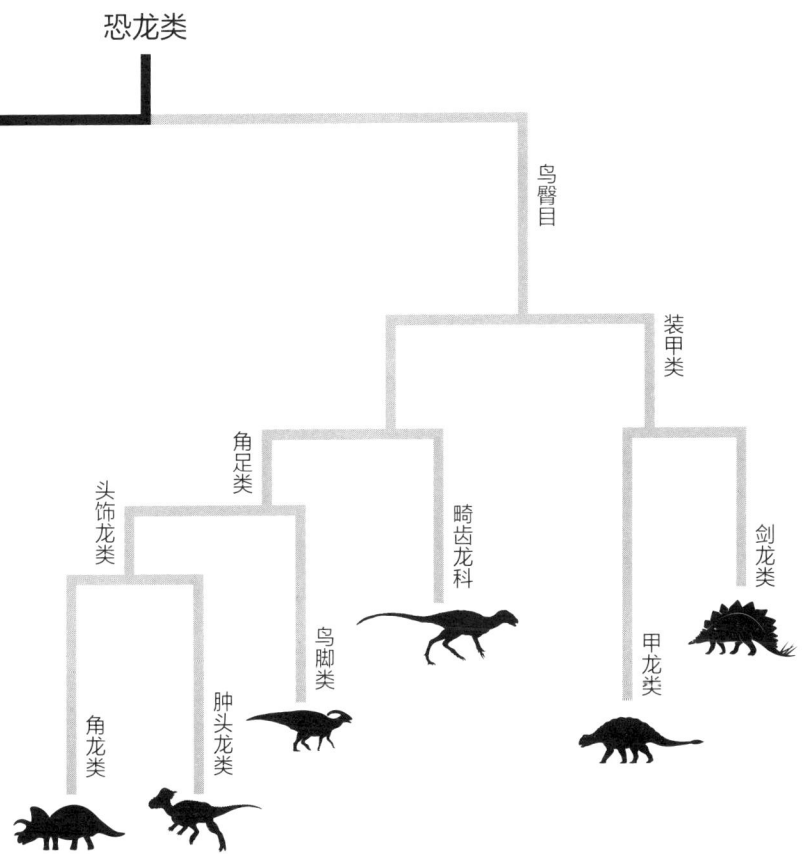

暴龙科

艾伯塔龙亚科

暴龙亚科

兽脚类包括暴龙（以及它的近亲）和棘龙、异特龙、南方巨兽龙、伶盗龙等（甚至鸟类）。在兽脚类动物中，有一个叫作虚骨龙类的小动物群，在这个群体中，我们发现了暴龙及其近亲。

戈尔冈龙

艾伯塔龙

？？？？？？（我们得知部分信息，但还缺少化石来验证）

惧龙

？？？？？？（我们得知部分信息，但还缺少化石来验证）

怪猎龙

虐龙

血王龙

暴龙

特暴龙

诸城暴龙

暴龙科的家族树有两个分支——艾伯塔龙亚科和暴龙亚科。一些科学家认为暴龙科可能有 11 个分支，但有的科学家认为只有 3 个分支。事实如何我们还不知道。但暴龙就是一个独立的分支。

暴龙的近亲

暴龙类所有的恐龙都是巨大的双足肉食性动物，有巨大的头骨和很大的牙齿，还有有利于它们快速奔跑的长腿，但是它们的前肢很小，而且通常只有两根指头。暴龙类恐龙的化石在南美洲和亚洲被发现，这些动物在它们的生态系统中几乎是最大的掠食者。

特暴龙——使人惊慌的蜥蜴

2 米

12 米

特暴龙生活在约 7000 万年前白垩纪晚期的亚洲，化石在蒙古国和中国被发现。有些人认为特暴龙是暴龙在亚洲的兄弟，而不是另一个种群，但科学家们认为它们虽然很相似，却仍然有很大不同。

尽管特暴龙比暴龙小，但它仍长达 12 米，重达 4.5 吨（和现实中巨大的非洲象一样）。它的前肢（和身体尺寸比起来）在暴龙类所有的恐龙中最短小，它的头骨有一些适应环境的特征。

艾伯塔龙——艾伯塔蜥蜴

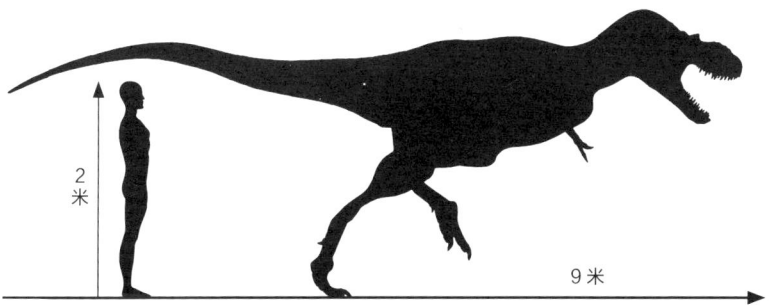

2 米

9 米

这种掠食者生活在大约 7000 万年前（白垩纪晚期）的今天的加拿大地区。比起著名的近亲暴龙来说，它要小得多。

它身长约 9 米，重达 1.8 吨（像一辆家用轿车那么重）。许多人认为艾伯塔龙是群居动物，因为来自 26 个动物的化石在同一位置被发现，那个地方被称作干岛骨床。科学家们发现了一只大的和六只小的艾伯塔龙，年龄在 2~11 岁之间。这些年龄不同的恐龙是在同一个坑内被发现的，也许它们当时正在聚群捕猎。它们以大家族的方式混居在一起。

惧龙——令人毛骨悚然的蜥蜴

2米

9米

中等体形的惧龙生活在7700万~7400万年前的今天的南美地区。惧龙身长达9米，重约4吨。有着比任何一种暴龙都长的前肢。

蛇发女怪龙——丑陋的蜥蜴

2米

9米

这种中型兽脚类肉食性恐龙生活在7500万年前（白垩纪晚期）的今天的北美地区。它是艾伯塔龙的近亲。有大量蛇发女怪龙化石被发现，其数量比暴龙类其他属种的化石都要多。

蛇发女怪龙身长约9米，重约2.5吨。它们和惧龙生活在相同的地区，科学家们认为两种暴龙的活动方式不同、掠食不同的生物，因此它们之间没有竞争。当体形更大、数量更稀少的惧龙狩猎角龙的时候，蛇发女怪龙也许正在捕捉鸭嘴龙。

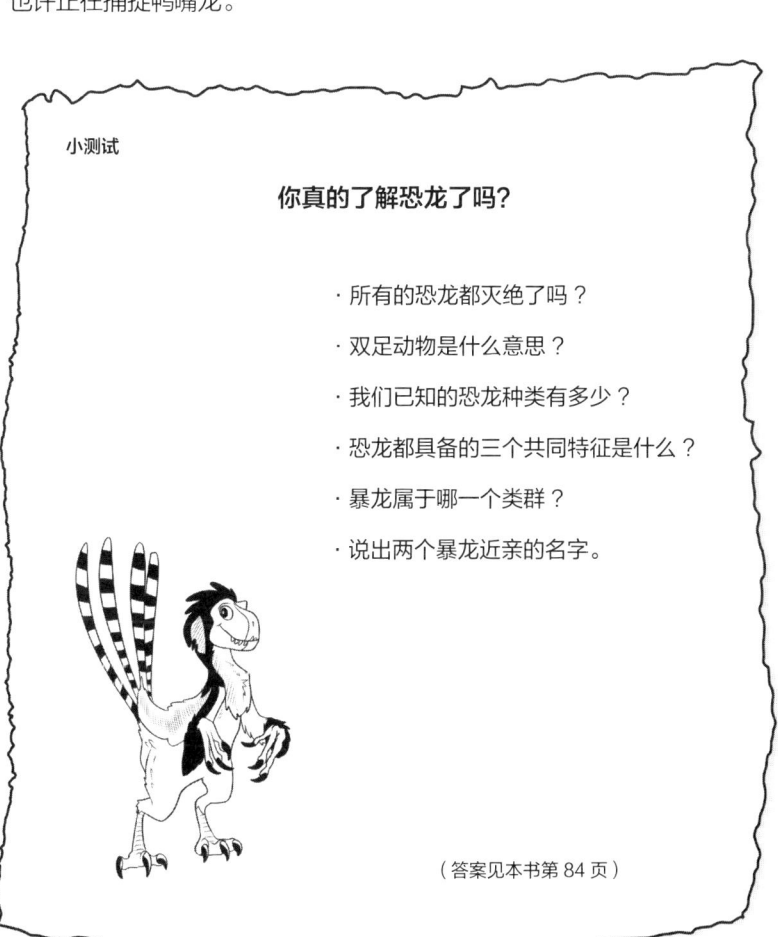

小测试

你真的了解恐龙了吗?

· 所有的恐龙都灭绝了吗？

· 双足动物是什么意思？

· 我们已知的恐龙种类有多少？

· 恐龙都具备的三个共同特征是什么？

· 暴龙属于哪一个类群？

· 说出两个暴龙近亲的名字。

（答案见本书第84页）

第三章

揭秘恐龙

何时何地

暴龙生活在地球上很小的范围内，在恐龙家族中，它算是距离我们年代较近的物种之一。恐龙作为一种古生物类群，在小行星撞击地球、将不会飞的恐龙扫荡一空之前，已经生存了约 1.8 亿年。所有的恐龙都生活在中生代。

中生代可以分为三个时段，分别是三叠纪、侏罗纪、白垩纪。暴龙生活在白垩纪晚期。

暴龙的化石是在白垩纪晚期的一种特殊的岩石层组中被发现的。这个地层处于马斯特里赫特期，这一时期持续了 600 万年（7210 万年前 ~ 6600 万年前之间）。暴龙的化石年代在 6800 万年前 ~ 6600 万年前之间。

恐龙时代的第三个时段（最后一个时段）是白垩纪从 1.45 亿年以前到 6600 万年以前，持续了 9700 万年。这期间气候温暖，海平面非常高，有大量的浅海。在陆地上，恐龙依然是主宰者。尽管这个时期已经是恐龙时代的晚期，但是依然有大量新的恐龙种类出现，比如三角龙和它的角龙类亲戚，以及其他很多有名的恐龙，比如暴龙。

白垩纪以前是侏罗纪，在侏罗纪的时候演化出了开花的植物。这使得大量的物种随之演化。一些新的恐龙物种开始吃植物，还有一些开始吃昆虫。

这个时期出现大量新恐龙属种的原因之一是肉食性动物和猎物的互相竞争。它们都希望能比对方更快地演化。这场"进化军备竞赛"意味着肉食性动物演化出更多的牙齿以及更有咬合力的口腔，而猎物则演化出了角和凸刺来防御敌人和保护自己免受攻击。如果肉食性动物演化出了在短距离内快速移动的能力，那么猎物就可能演化出更好的视力和能长距离奔跑的能力，这意味着它们可以更早发现潜在的肉食性动物并且成功逃脱。

暴龙与人类出现相差的时间要比暴龙与剑龙出现相差的时间还要短。剑龙出现在距今 1.5 亿年之前的侏罗纪末期，而暴龙出现在距今 6700 万年之前。暴龙和剑龙出现的时间相差 8000 万年，而与人类只相差 6600 万年。

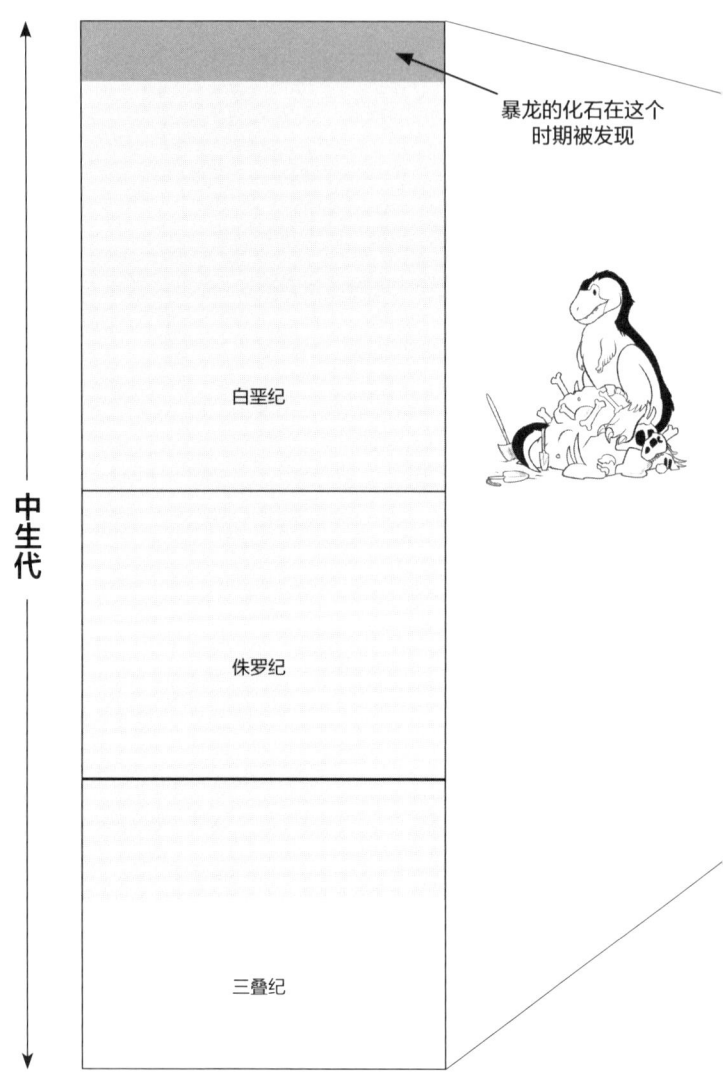

暴龙的化石在这个
时期被发现

中生代

白垩纪

侏罗纪

三叠纪

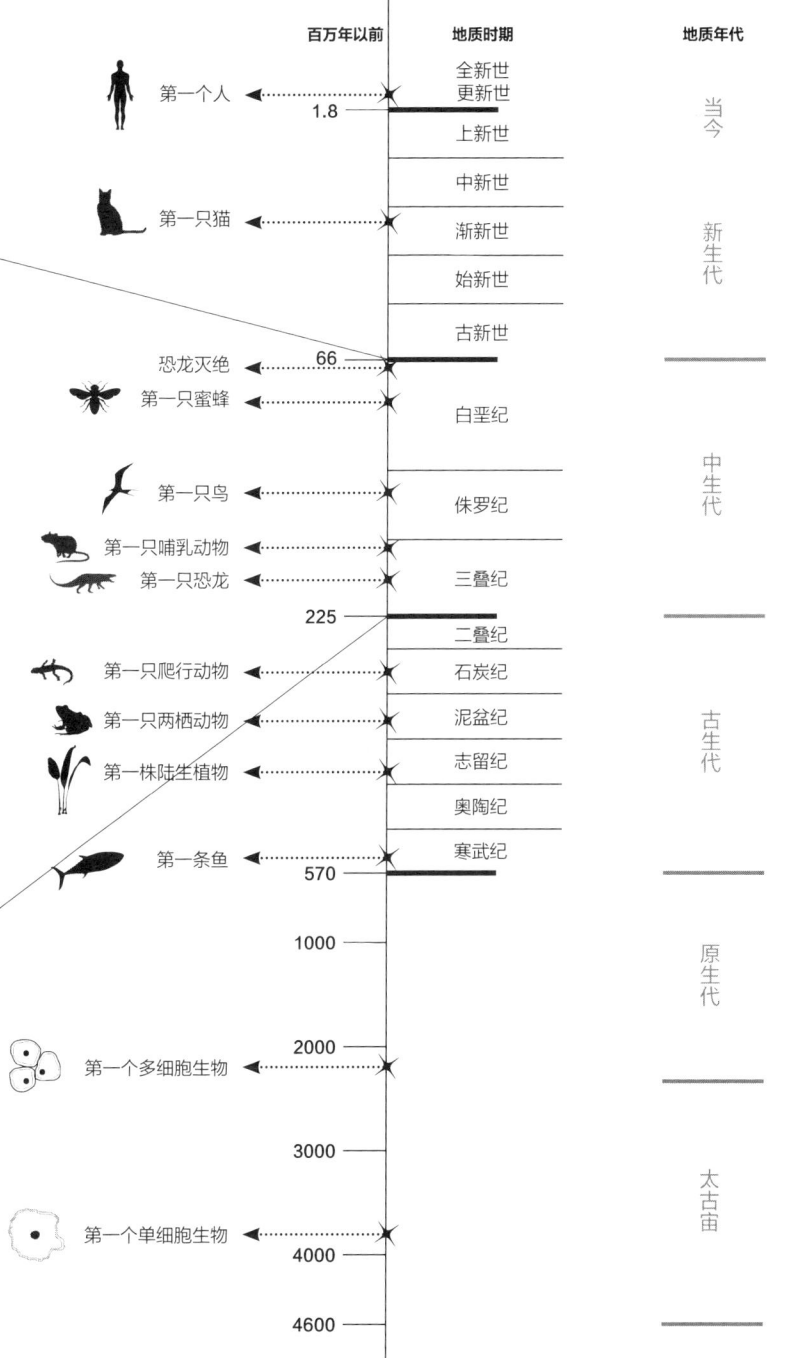

百万年以前	地质时期	地质年代
	全新世	
第一个人 ◄┈┈ 1.8	更新世	当今
	上新世	
	中新世	
第一只猫 ◄┈┈	渐新世	新生代
	始新世	
	古新世	
恐龙灭绝 ◄┈ 66		
第一只蜜蜂 ◄┈┈	白垩纪	中生代
第一只鸟 ◄┈┈	侏罗纪	
第一只哺乳动物 ◄┈┈		
第一只恐龙 ◄┈┈	三叠纪	
225	二叠纪	
第一只爬行动物 ◄┈┈	石炭纪	
第一只两栖动物 ◄┈┈	泥盆纪	古生代
第一株陆生植物 ◄┈┈	志留纪	
	奥陶纪	
第一条鱼 ◄┈ 570	寒武纪	
1000		原生代
2000		
第一个多细胞生物 ◄┈┈		
3000		
第一个单细胞生物 ◄┈┈		太古宙
4000		
4600		

27

白垩纪晚期最著名的事件就是生物大灭绝。当一个巨大的小行星在6600万年以前撞击地球的时候，几乎所有的恐龙都灭绝了。

那时的世界与现在相差甚远。很久很久以前，地球上有一个超级大陆，但是在白垩纪晚期，超级大陆已经分裂，并且形成我们现在的大陆格局。

暴龙生活在今天的北美洲西部，那里当时是一块名叫劳亚古陆的岛屿状大陆。

这个岛屿从阿拉斯加一直延伸到墨西哥，所以暴龙比其他近亲的分布范围更大。这片区域有大量的化石，暴龙、伤齿龙、肿头龙、巨龙等曾在这里被发现。

在劳亚古陆上，食物链顶端的生物就是兽脚类暴龙科属种。比如暴龙、恶霸龙、艾伯塔龙、戈尔冈龙。虽然它们都是暴龙类，但是它们却不生活在同一时期。劳亚古陆还有其他种恐龙的化石，比如鸭嘴龙。

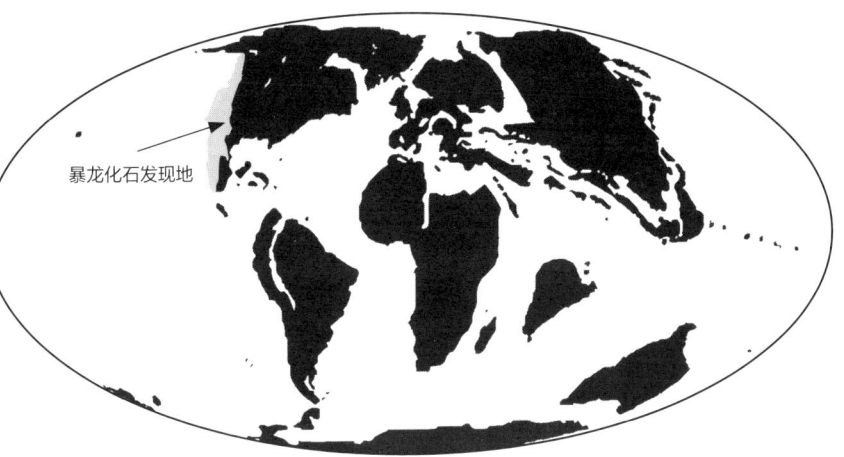

白垩纪晚期世界地图

问问专家：
暴龙究竟能
跑多快?

从业余化石搜集者，到世界著名的科学家，

很多人都从事与恐龙相关的工作，

有的人去埋藏地挖掘化石，有的人在实验室做研究，

有的人像创作艺术品一般拼接恐龙的化石。

约翰·哈钦森博士

演化生物学家，英国伦敦皇家兽医学院教授

约翰·哈钦森教授在英国伦敦皇家兽医学院工作，

他专门研究生物工程学，比如动物有多强壮以及它们如何活动。

他既研究现今存活的生物，像大象和鳄鱼等，

也研究已经灭绝的动物。

让我们问问约翰教授：一只暴龙能跑多快？

我们怎样才能搞明白这一点？

暴龙的体重和一头大象相当，却用两条而不是四条腿支撑所有的重量。它是怎么做到的？它们只是行走，还是也能奔跑呢？如果能奔跑，那么有多快？一些古生物学家认为它能跑得像一匹赛马一样快（约每小时 65 千米）。我想：用科学的方法来检测一下这样的结论，会非常有趣！

我发明了一种新的方法来研究活体动物的活动方式。我在实验室里饲养鸸鹋，在佛罗里达州的一个动物园里养鳄鱼，我研究过世界各地 100 多头不同的大象。这有多酷？我在它们的腿上放了一些有黏附性的标记，这样我可以通过电脑跟踪和发现它们的腿是如何移动的，之后我用摄像机拍摄下这些动作的影像并导入电脑。

这让我发现，动物的腿部肌肉必须努力工作才能支持腿部进行移动。像大象这样的大型动物，不得不生长出更大的肌肉才能完成奔跑的运动。体形小的动物能灵活地弹跳以及做各种各样的动作，而大型动物做这些动作是很容易摔倒的。

因此，了解到这一点后，我在电脑里制作了一只暴龙的模型，并让电脑"告诉"我暴龙的腿部肌肉需要怎么工作才能让它像赛马一样奔跑。但是最后电脑却说"没办法"，暴龙是没有办法跑得那么快的。然而，我发现暴龙可以走得很快，或者跑得像个运动员一样快（最高时速 40 千米）。

这也不错！它的猎物，比如鸭嘴龙和三角龙同样也是笨拙的动物，它们奔跑起来比暴龙也快不了多少。像似鸵龙这样中等身材、腿部修长、肌肉发达的恐龙，可能是奔跑最快的恐龙了。

所以,当你画一幅中生代的巨型恐龙画时,你不要把它们画成像赛马或猎豹那样奔跑的样子,而是应该像大象或犀牛一样优哉游哉但仍令人心生畏惧的动物。我们人类永远都不需要和暴龙赛跑,这真是幸运的事情。但说实话,白垩纪晚期各种动物的奔跑速度还真是慢啊!科学是我们的时间机器,我们可以通过科学方法了解那些灭绝的动物是如何生活的。让我们为科学欢呼吧!

第四章

探究恐龙

暴龙的解剖结构

暴龙的骨骼

暴龙的骨骼并没那么锋利和光滑，而是更大、更有力量。与其说它是一辆快速赛车，不如说更像是一辆致命的怪物卡车。巨大的、又宽又有力的头骨，以及其余的骨架都使得暴龙成为史前顶极肉食性恐龙。下面，让我们好好看看它的头骨和骨架。

头骨

有些兽脚类动物，如异特龙，有着窄头骨和用来撕咬猎物的锋利扁平的牙齿，但暴龙有一个巨大的、宽的头骨和一口宽阔的牙齿。

异特龙　　　　　　　　　　暴龙

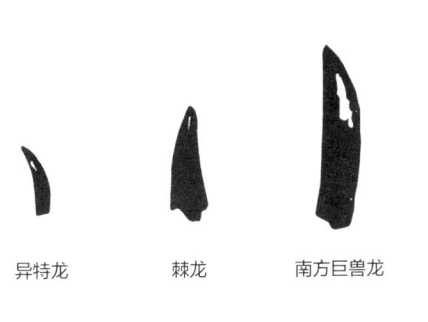

异特龙　　　　棘龙　　　　南方巨兽龙　　　　暴龙

看看其他兽脚类恐龙的牙齿，就可以对比出暴龙的牙齿是多么的巨大。棘龙是有史以来最大的肉食性恐龙，请比较一下它的牙和暴龙牙的大小。

暴龙的咬合力至少有 13000 PSI（磅力／平方英寸），很难想象它们能咬的动物有多大。作为弱小的人类，你的咬合力只有 150 PSI。一条大白鲨的咬合力只有 650 PSI，而湾鳄的咬合力为 3700 PSI，是所有现存动物中最大的，但暴龙的咬合力仍然是它的 3 倍！天啊！

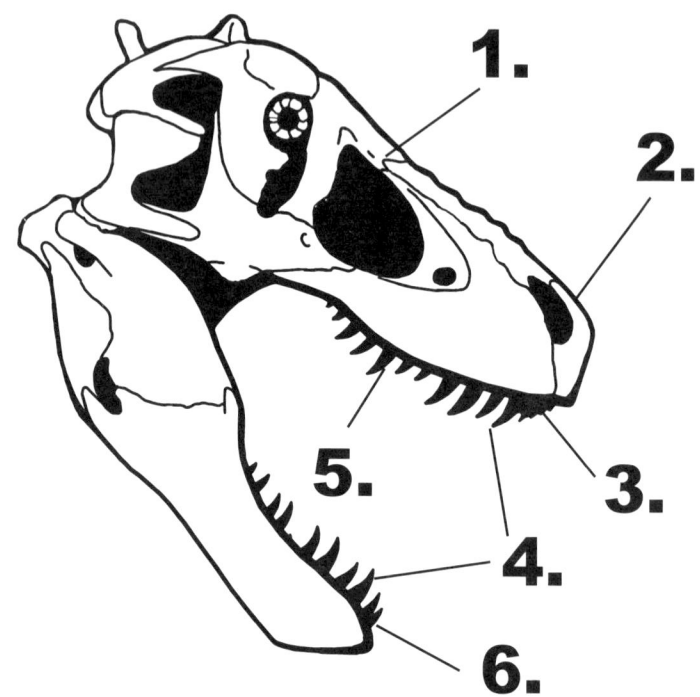

1. 暴龙的头骨中的大部分骨头都是巨大的，有些骨头愈合或结合在一起，防止它们在咀嚼的时候发生移动。这也有助于强化骨头，让暴龙拥有最强的咬合力。

2. 上颌齿是 D 形的。这有利有弊，因为它意味着暴龙一口就能撕开很多的肉，但也意味着牙齿要承受更大的力，可能会因此折断。大多数兽脚类动物都是 V 形上颌齿。

3. 上颌尖的八颗牙齿紧贴在一起，比其余的牙齿小得多。牙齿的横截面呈 D 形，背面有凸起，这使它们更加强壮。它们向后弯曲，牙尖锋利。

4. 不同于大多数兽脚类动物，暴龙是一种异型齿动物，口腔不同部位有不同形状的牙齿。

5. 它的颊齿比上颌的牙齿大，这使得它们在咬下挣扎的猎物时能承受很大的力量。这些牙齿看起来像大块的肥而尖的香蕉，而不像小刀。

6. 这些牙齿被用来抓住猎物和剥去它的肉。迄今为止发现的最大的暴龙齿约为 30.5 厘米，是所有肉食性恐龙中最大的牙齿。

最大的暴龙的头骨长度可达 1.45 米。和我们的头骨相比，这是相当巨大的！你可以测量一下自己的身高，看看你有没有暴龙的头骨大。

41

暴龙的骨架

　　早期的古生物学家是如何想象人类从未见过的动物的？有时，他们也会出错。他们认为暴龙太大了，不能只用两条腿行走，而且它的尾巴一定是保持平衡的，有点像袋鼠。因此，博物馆里的许多暴龙的写实画和骨骼都展示为这种恐龙站在地上，头高高向上。其实这是错的，实际上这会使尾巴、腿和臀部的关节变弱。

　　暴龙就像一个恐龙明星，近些年来，它的姿态发生了一些变化，已经从一个高大的、有两条腿和一条尾巴的"恐龙三脚架"变成一种行动迅速的、两条腿的掠食者，从头到尾是水平的。

　　此外，它的外貌也从一个有鳞片的绿色杀手变成了一个有羽毛的掠食者。现在的这些认知和我们几年前的完全不同。

1.

暴龙有巨大沉重的头骨，
眼睛在脸的正面。

2.

颈部呈 S 形曲线，短且
有很多强有力的肌肉。

8.

前肢（手臂）很短，但非
常有力。

7.

每个前肢的末端是两个脚趾（或手指），
每个脚趾上都有一个锋利的爪尖。

3.

为了弥补体重过大的缺陷，暴龙骨架中的许多骨头都不是实心的，充满空气。

4.

尾巴又重又长。

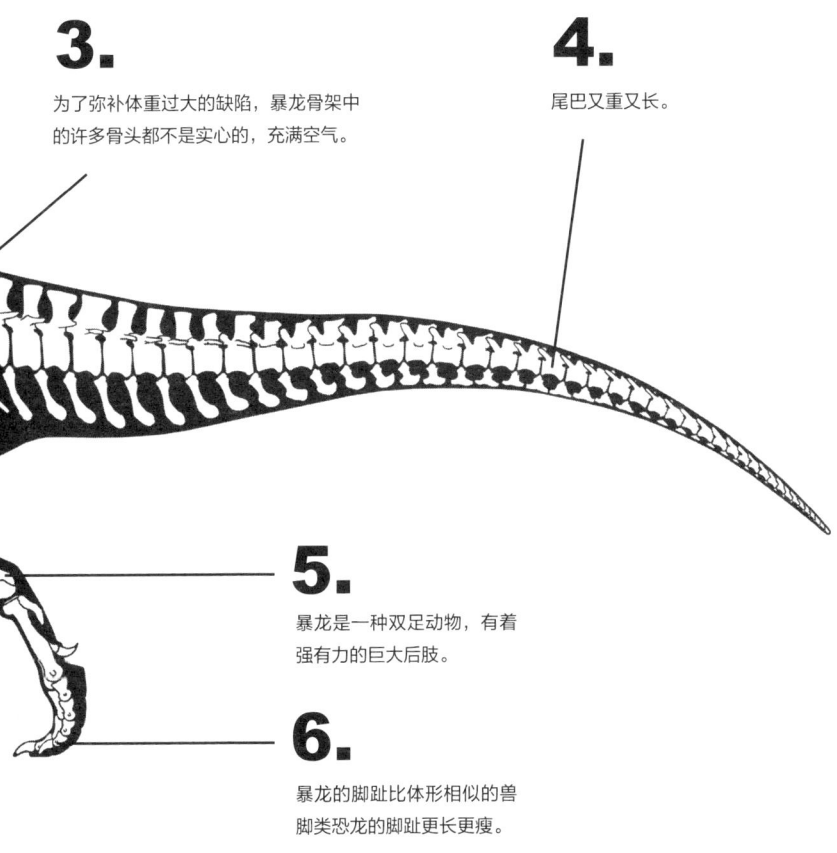

5.

暴龙是一种双足动物，有着强有力的巨大后肢。

6.

暴龙的脚趾比体形相似的兽脚类恐龙的脚趾更长更瘦。

1. 暴龙有巨大而沉重的头骨。

最大的暴龙头骨长度可达 1.45 米，也就是头骨的长度跟你的身高相比差不多，眼睛朝前，这让暴龙拥有出色的全方位视角，因为每只眼睛看到的视野之间存在很大的重叠。在追逐猎物时，这将有助于其成为一个出色的掠食者。

2. 颈部是S形曲线，短且有很多强有力的肌肉。

这有助于支撑巨大（而且非常沉重）的头部。

3. 为了弥补体重过大的缺陷，暴龙骨架中的许多骨头都不是实心的，里面充满空气（像空洞，但不完全相同）。

这减少了恐龙的重量而在强度上没有任何明显的损失。

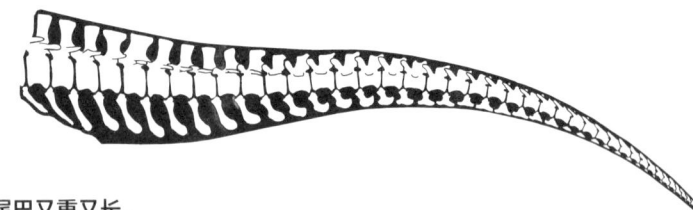

4. 尾巴又重又长。

有时包含 40 多根椎骨，以便平衡巨大的头部和身体。最完整的暴龙化石骨骼长 12.3 米，当它活着的时候，重量在 8.4~18.5 吨之间。

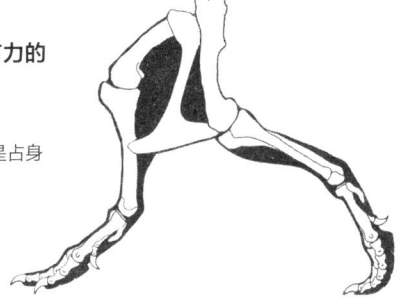

5. 暴龙是一种双足动物，有着强有力的巨大后肢。

与其他兽脚类恐龙相比，暴龙巨大的腿部是占身体比例最大的。

6. 暴龙的脚趾比体形相似的兽脚类恐龙（例如异特龙）的脚趾更长更瘦，并且它的脚骨也互锁。

这意味着暴龙是一种速度很快的掠食者，比异特龙等其他大型食肉动物更快。

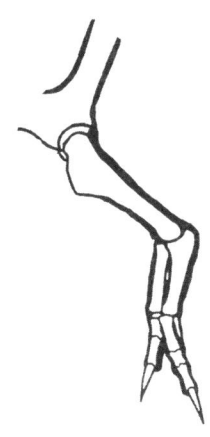

7. 每个前肢的末端是两个脚趾（或手指），每个脚趾上都有一个锋利的爪尖。

还有一个叫作掌骨的额外的小骨头（就像你手掌上每个手指根部连接的长骨）。这表明，在某些时期，暴龙曾经有三个爪子，但第三个爪子在演化的过程中逐渐消失了。

8. 前肢（手臂）很短，但是非常有力量。

暴龙的前肢由超厚的骨头组成。这可能意味着它们可以调动很大的力量——要么抓住挣扎的猎物，要么帮助自己从地上站起来，要么与其他暴龙战斗。它们的前肢活动范围有限，肩关节只有 40 度的活动范围。如果你挥动手臂试试，你的肩膀可以旋转 360 度。听起来好像暴龙的胳膊很差劲，但也许这种受限制的运动意味着它们可以更紧地抓住猎物而不会有受伤的风险。

47

暴龙的身体

1. 许多恐龙有羽毛，暴龙可能也有，或者至少在它的身体某些部位有羽毛。

5. 科学家们研究恐龙的颜色，并且有一些令人惊奇的（甚至可能有些奇怪的）发现。

4. 暴龙有看起来很小巧的前肢（尽管它们仍然有1米长）

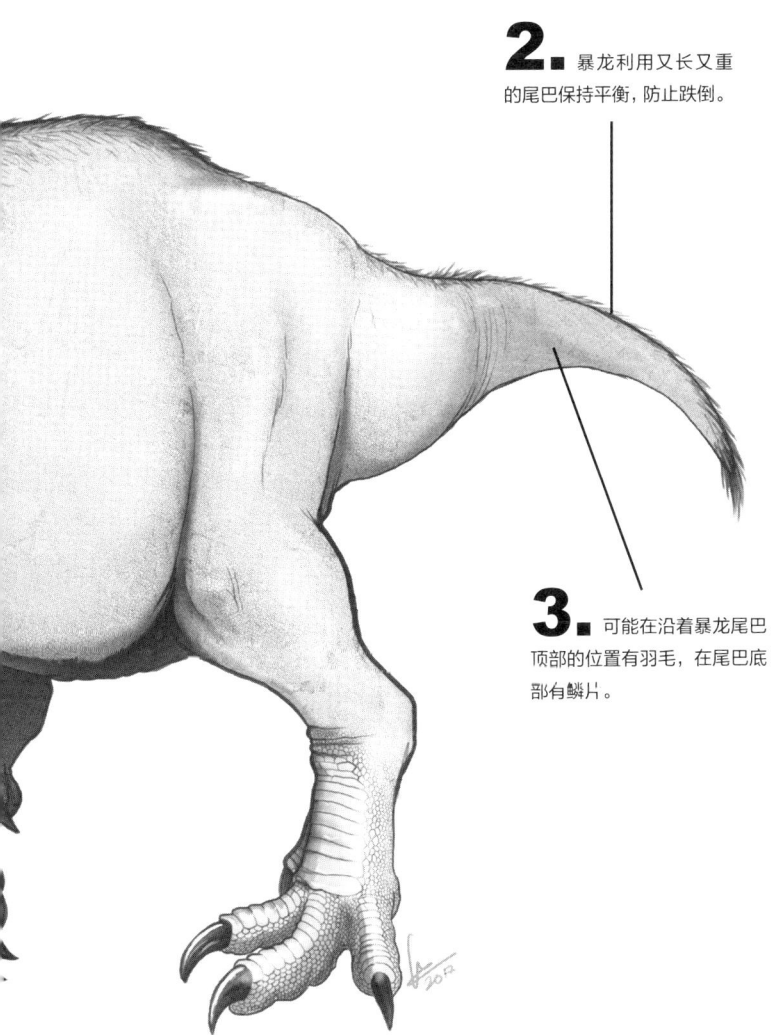

2. 暴龙利用又长又重的尾巴保持平衡，防止跌倒。

3. 可能在沿着暴龙尾巴顶部的位置有羽毛，在尾巴底部有鳞片。

1. 这一个问题很复杂。许多恐龙都有羽毛——几年前，这听起来还很疯狂，但现在我们知道，在很多兽脚类恐龙中，有的全身长满羽毛，有的身体局部长着羽毛。它不是我们在动物园里的鸟类身上看到的那种羽毛，而更像是火鸡和鹤鸵（又叫几维鸟）的羽毛。对于暴龙来说，没有证据证明它确实有羽毛，但我们知道其他暴龙属恐龙（如：帝龙）是有羽毛的。一些暴龙近亲的化石上也保留了羽毛，因此暴龙很有可能至少在它身体的某些部位是有羽毛的。

2. 因为暴龙的头部又大又沉，因此它行走时需要通过长而重的尾巴来保持平衡。尾巴的作用就像一组平衡砝码，随时防止暴龙向前跌倒。

3. 尽管我们现在知道很多兽脚类动物都长有羽毛，并且可能暴龙至少身体某些部位是长有羽毛的，但我们怎么知道它身体上哪里长有羽毛呢？我们可以（在一些神奇的化石的帮助下）有一个很好的猜测。暴龙的一个小型的近亲种类侏罗猎龙，它们的化石上发现身体被羽毛覆盖，而尾部一半（上半部）被羽毛覆盖一半（底部）被鳞片覆盖。其他不太完整的暴龙属化石也被发现在尾巴上有类似的特点，所以我们猜想暴龙有可能（但不确定）在它身体的很多部位和尾巴顶端也是长有羽毛的。

4. 虽然暴龙的前肢看起来很小巧（它们仍长达 1 米），但它们很强壮。成年暴龙的二头肌肌肉可以举起近 200 千克（超过两个成年人）重物。如果所有肌肉综合起来，暴龙可能比这更强壮。它的二头肌比人类的强三倍。基本上，如果你和一只暴龙掰手腕，暴龙肯定会赢。

5. 很多人都想知道恐龙是什么颜色的。它们真的像我们通常在书中看到的插画那样，是绿色的或者棕色的？还是蓝色、黄色、粉红色，甚至其他颜色？科学家正在研究恐龙的颜色，并已经有了一些令人惊异的（甚至有点奇怪）的发现。本书从第 61 页开始的"科学前沿"部分将会介绍这方面的更多发现。

小测试

你真的了解恐龙吗？

· 到目前为止，已发现的最大的暴龙牙齿有多长？

· 暴龙生活在哪个时期？

· 第一批开花植物是在哪个时期演化出来的？

· 什么是劳亚古陆？

· 暴龙的尾巴中有多少根椎骨？

（答案见本书第 85 页）

第五章

恐龙地盘

栖息地与生态系统

我们已经知道，暴龙生活在恐龙统治地球的最后时期，并且在 6600 万年前灭绝。这段时期被称为马斯特里赫特期（白垩纪的最后一

个时期）。在晚白垩世的早期，气候温暖；晚白垩纪的末期，气候渐渐

变冷，但地球依旧比现今暖和。热带地区在赤道附近（和现今相同）。

在很远的南方或北方（也就是现今南北极地区）气候也更加温和，有和

我们现在一样的季节，有温暖的夏季和寒冷的冬季。这可能意味着一些

55

恐龙需要在一年之内追随食物和温暖的气候进行迁徙。在白垩纪末期，南极和北极依然太温暖了，以至于无法结冰。

暴龙化石已在不同生态系统中被发现：内陆干燥炎热的平原和炎热的沿海。一个著名的化石点所处的地层叫作地狱溪组，当时是亚热带气候，气候潮湿而温暖。

暴龙似乎可以生活在不同的生态系统中，或者在几种生态之间游走，它们喜欢不同的栖息地。它们的化石是在森林里发现的，周围都是红杉、木兰、柳树和南洋杉。许多森林都是疏林，靠近河流。在海岸和沼泽森林附近也发现了暴龙化石。

或许这里是它们寻找食物的最好地区。

科学家们通过观察猎物的化石，如三角龙和埃德蒙顿龙，认为暴龙在吃东西的过程中扭断并弄碎了它们的骨头。

在它们的粪便中也发现了碎骨。在暴龙活动的北部区域，三角龙是最常见的大型植食性动物之一。而在南方，一种叫阿拉摩龙的蜥脚类动物很常见，也是暴龙食物链的重要组成部分。

暴龙与其他不同的物种共享北部的生态系统。

一些暴龙与在北方发现的同种恐龙共享南部生态系统，但在南方还有一些不同的恐龙。

你知道有多少种恐龙或者是哪些恐龙会成为暴龙的午餐吗？

下面这些恐龙和暴龙生活在同一时代。你认为暴龙会掠杀哪些?

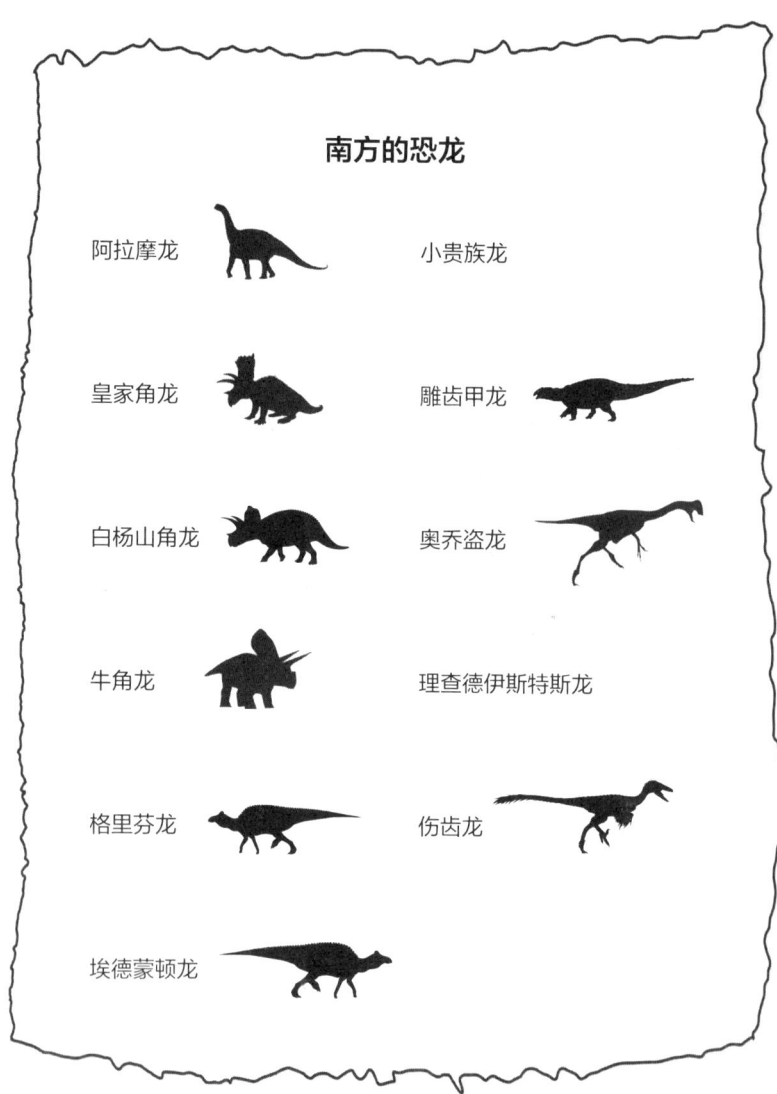

南方的恐龙

阿拉摩龙　　　　　　　　　小贵族龙

皇家角龙　　　　　　　　　雕齿甲龙

白杨山角龙　　　　　　　　奥乔盗龙

牛角龙　　　　　　　　　　理查德伊斯特斯龙

格里芬龙　　　　　　　　　伤齿龙

埃德蒙顿龙

北方的恐龙

双角龙

甲龙

野牛角龙

奇异龙

牛角龙

埃德蒙顿龙

三角龙

副栉龙

丹佛角龙

肿头龙

埃德蒙顿甲龙

冥河龙

圆头龙

近爪牙龙

龙王龙

佩克提诺顿龙

冥河盗龙

理查德伊斯特斯龙

达科他盗龙

似鸵鸟龙

似奥克龙

伤齿龙

似鸟龙

看看你是否能找到你不认识的动物的信息，试着描绘一下它们和一只徘徊着的饥饿的暴龙生活在一起会是什么画面。

有科学家认为，在暴龙居住区域的边缘发现的一些碎牙标注了它们活动的边界。如果这些牙齿确定是暴龙的，那么它们的活动范围比我们以前设想的要大。

科学前沿：

羽毛的颜色

研究恐龙似乎很奇怪。尽管它们生活在数百万年前，但我们仍然了解它们很多。科技日新月异，我们能够做得比以往任何时候都多。我们可以用扫描仪观察骨骼内部而无须把它们切成两半，我们甚至可以向化石发射激光，揭示我们无法用肉眼或显微镜看到的皮肤和肌腱的细节。恐龙是古老的，但关于恐龙的科学是全新的，而且一直都会有"新科学"。

我们想知道更多关于它们的事情。它们吃了什么？我们可以从它们的化石粪便中找出答案。它们能跑多快？简单，做一个漂亮的电脑程序，让一些模型分析来帮助你。它们是什么颜色的？啊，这可不太容易回答。皮肤的化石很少被保存，即使保存下来，颜色也是无法分辨的。那么，我们会不会知道恐龙究竟是绿色的、是条纹的还是姜黄色的？

几年前，一个科学团队在羽毛颜色的研究上取得了突破。我们现在知道许多恐龙（尤其是兽脚类）都有羽毛。我们知道今天鸟类的羽毛都是不同的颜色。有什么方法可以知道恐龙羽毛的颜色吗？有、通过黑素体！

黑素体是一种微小的结构（称为细胞器），它赋予自然界中许多东西颜色，你可以在羽毛和哺乳动物的头发中找到它们。你的头发颜色取决于你头发中黑素体的类型。

这些结构代表了某些颜色——主要是黑色、灰色、橙色和棕色——但它们也能产生晕彩色（比如闪亮或有油质的效果），并呈现出明亮的蓝色外观。想想鸟类，比如八哥、喜鹊和松鸦。

黑素体是羽毛坚韧结构的重要组成部分，幸运的是，这使得它们可以在化石中被保存下来，如果化石保存得很好的话，那么数百万年后仍然可以看到它们。科学家们所要做的就是观察羽毛化石，找到黑素体，将它们与今天鸟类身上发现的不同颜色的羽毛相对比后，他们就能分辨出有羽毛的恐龙是什么颜色的。

这就是科学家们所发现的。通过在扫描电子显微镜（一种非常强大的显微镜）下观察羽毛化石，他们能够在羽毛化石的结构中看到黑素体的组织和形状。不仅如此，一些化石上还呈现出清晰的条带，所以你不需要显微镜就可以看出恐龙活着时候是有条纹的。

这种条纹最初是在一种叫作中华龙鸟的小恐龙身上发现的。这

在显微镜下

你无法看到羽毛化石的颜色，但在显微镜下，你可以看到细小的黑素体。

现代羽毛的黑素体排列的不同方式对应不同的颜色。左边这张简单的表格告诉我们这些排列是如何对应不同的颜色的。通过看现代羽毛的黑素体的排列方式，可以判断化石羽毛是什么颜色。

现代羽毛

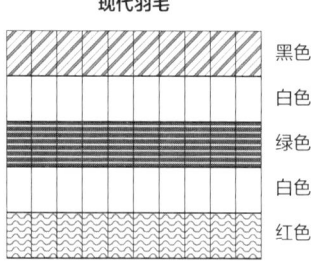

黑色
白色
绿色
白色
红色

羽毛化石

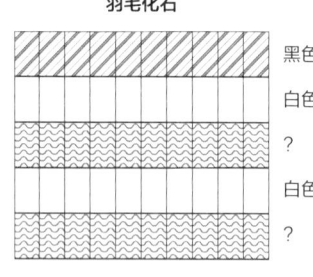

黑色
白色
?
白色
?

小测试

你能从现代羽毛的信息里看出羽毛化石原本是什么颜色的吗？

（答案见本书第 85 页）

只小型兽脚类动物来自中国，生活在白垩纪早期。中华龙鸟有很短的胳膊和很长的尾巴。身长约 1 米，重约 500 克（相当于一小瓶汽水的重量）。

一些中华龙鸟化石的尾巴上有深色和浅色的条纹。起初，一些科学家认为这是化石保存的问题，但我们现在知道这是因为当小恐龙还活着的时候，这些条带有不同的颜色。研究小组还发现，身体的顶部比底部更黑。当他们观察黑素体来研究中华龙鸟的真实颜色的时候，他们发现了一种混合了白色、乳白色和深色的羽毛。中华龙鸟尾巴上的羽毛与我们今天看到的鸟类的羽毛不一样。它们有简单而坚硬的结构，比真正的羽毛更原始，但这并不重要。科学家们已经发现了恐龙的颜色。第一只中华龙鸟长有条纹，是生姜色的。

另一只通过这样的方法

尾巴上的更浅的条带

中华龙鸟

得知其颜色的恐龙是非常酷的赫氏近鸟龙（字面意思是"赫胥黎的鸟"）。在中国已经发现了数以百计的该种恐龙化石，它生活的年代可追溯到1.6亿年前的侏罗纪晚期。据说，科学家对这一物种的了解比任何其他恐龙都多。你听说过它吗？

观察黑素体的方法同样被用于赫氏近鸟龙，但与中华龙鸟不同，这一次只观察了身体的一些部分之后，科学家就能够识别出几乎所有赫氏近鸟龙的颜色。他们发现赫氏近鸟龙身体上的大部分羽毛都是黑色和灰色的。脸也是灰色的，但是脸颊是橘红色的，它的头顶上有一个看上去很时髦的冠也是橘红色的。所有的翅膀（四个）都是白色的，有黑色的末端和边缘。它还有黑色的脚和脚趾。

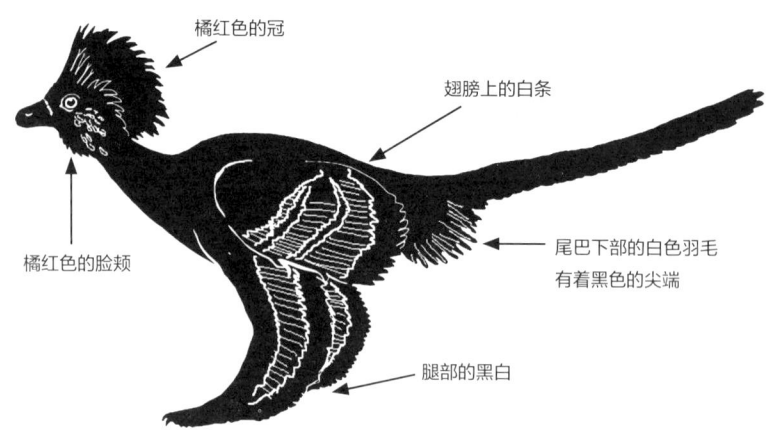

橘红色的冠

翅膀上的白条

橘红色的脸颊

尾巴下部的白色羽毛
有着黑色的尖端

腿部的黑白

赫氏近鸟龙

了解恐龙的颜色对于更好地理解整个群体是很重要的。它让科学家们能够分辨羽毛的原始用途：它们是为了飞行、保暖还是为了展示？因为中华龙鸟身上的羽毛既不用于保暖也不用于飞行，但是彩色的。我们认为羽毛最初是为展示自身而演化出来的。鸟类通常有令人惊艳的彩色羽毛，用于伪装或求爱，因此恐龙也会做同样的事情。这一发现有利于我们了解恐龙的生态和行为。

这一发现支持了这样的观点：鸟类确实是从兽脚类恐龙演化而来的。我们在现代鸟类身上看到的适应特点，比如翅膀、羽毛、聪明的大脑、令人敬畏的视觉系统和轻巧的骨骼，在数百万年的时间里一直在慢慢演化，最终导致了鸟类的出现。

第六章

恐龙快闪

进化军备竞赛

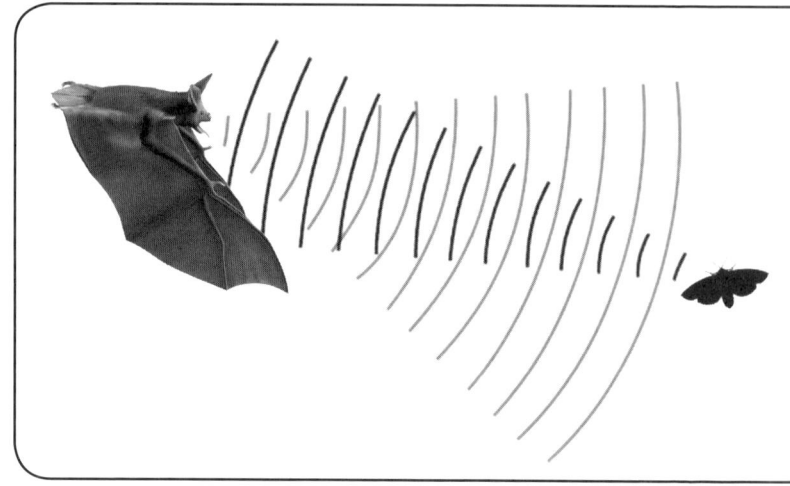

　　许多事物推动了演化，从而使一个物种随着时间的推移而变化。它可能是特殊的栖息地（例如，寒冷的环境使北极熊有很小的耳朵），也可能是取食技术（比如长颈鹿），掠食者和猎物之间的竞争也可能推动演化。这是种演化领域的军备竞赛，在这种情况下，掠食者向着成功捕食的方向演化，而猎物向着减少被捕食的方向演化。然后掠食者进一步演化，而猎物同样，依此类推，永无休止，两个物种都在努力演化成最优。

战斗开始

　　恐龙之战是演化的一部分，三角龙和暴龙的军备竞赛式演化就是一

进化军备竞赛在自然界中随处可见，一个最精彩的例子就是蝙蝠和飞蛾。蝙蝠发出的高频的声音遇见飞蛾后反弹（类似回声），从而探测到飞蛾，于是大多数飞蛾演化出了特殊的可以捕捉到蝙蝠声音的耳朵，从而躲开蝙蝠。接着，就有一些蝙蝠进一步演化出更隐蔽的、飞蛾听不到的回声。

接下来，甚至有一些飞蛾演化到可以发出特殊的声音来干扰正在捕食的蝙蝠。就这样，蝙蝠和飞蛾都在不停地演化以胜过对方。

我用这样的例子来帮助我们理解恐龙，今天所有的动物仍在为生存而战斗。

个例子。在暴龙生存期间，三角龙是占主导地位的大型植食性动物之一，毫无疑问，它们一定会相遇。它们不可能成为最好的朋友，那么谁会在战斗中获胜呢？仅仅因为暴龙是一种可怕的肉食性动物，暴龙就位居三角龙之上吗？显然三角龙也不是那么容易成为盘中餐的。

好吧，想象一下这个场景：一只成熟的雌性暴龙刚刚穿过森林，徘徊在浅水附近的一堆岩石周围。除了良好的视力和听力外，暴龙还有巨大的嗅叶，这意味着它可能拥有很敏锐的嗅觉。它天生适合掠食猎物。

它在水边盯上了一只落单的三角龙，并悄悄地跟踪它。暴龙伏低脑袋，蹲下，向远处望去，全方位判断猎物与它的距离。

三角龙是一只雄性成年恐龙。它正在离同伴较远的河边喝水，而且时刻保持警惕。头两侧的眼睛使它可以扫视到周围地区的掠食者或其他大型雄性三角龙。

这只三角龙看到了岩石附近不远处有物体在移动。它抬起头，以防御的姿势朝向它。暴龙站起来向三角龙靠近，它低着头，尾巴高高地翘着以保持平衡。尽管体重达 13 吨，但它依旧身手敏捷。

它冲到三角龙旁，扑向三角龙一侧。

三角龙摇动着它巨大的颈盾，将它的角对准了暴龙。它眼睛上方的两只长角都超过 1 米长，非常锋利。暴龙无法靠近三角龙身体的柔软部分，它们被三角龙头上的大褶皱和角保护着。尽管一些科学家认为三角龙的角是用来展示给其他三角龙看的，而它们的皱褶要么是为了展示，要么是为了帮助调节体温，但其实这些都有助于抵御像暴龙这样的掠食者。

暴龙速度更快，它试图用脑袋从后面撞击三角龙。它绕到三角龙的后面，试图用它巨大而有力的脑袋把三角龙推倒掀翻，这样就可以咬三角龙的肚子。

但三角龙是重型动物，低到贴近地面。它重心很低，这意味着它们不可能轻易被撞倒。想想看，如果你正常站立和你蹲下双脚分开，那么哪一个姿势会让你更容易被撞倒？当暴龙撞三角龙的时候，三角龙没有倒下，反而用一支角插进暴龙的腿，并把它撞倒在地上。暴龙用它短小的前肢站起来是很难的，但它设法再次站起来，向三角龙走去。

暴龙受伤了，速度变慢了。它冲向三角龙，咬进了三角龙褶皱的边缘。暴龙的咬合力是所有恐龙中最大的，超过 13000 PSI（每平方厘米约 914

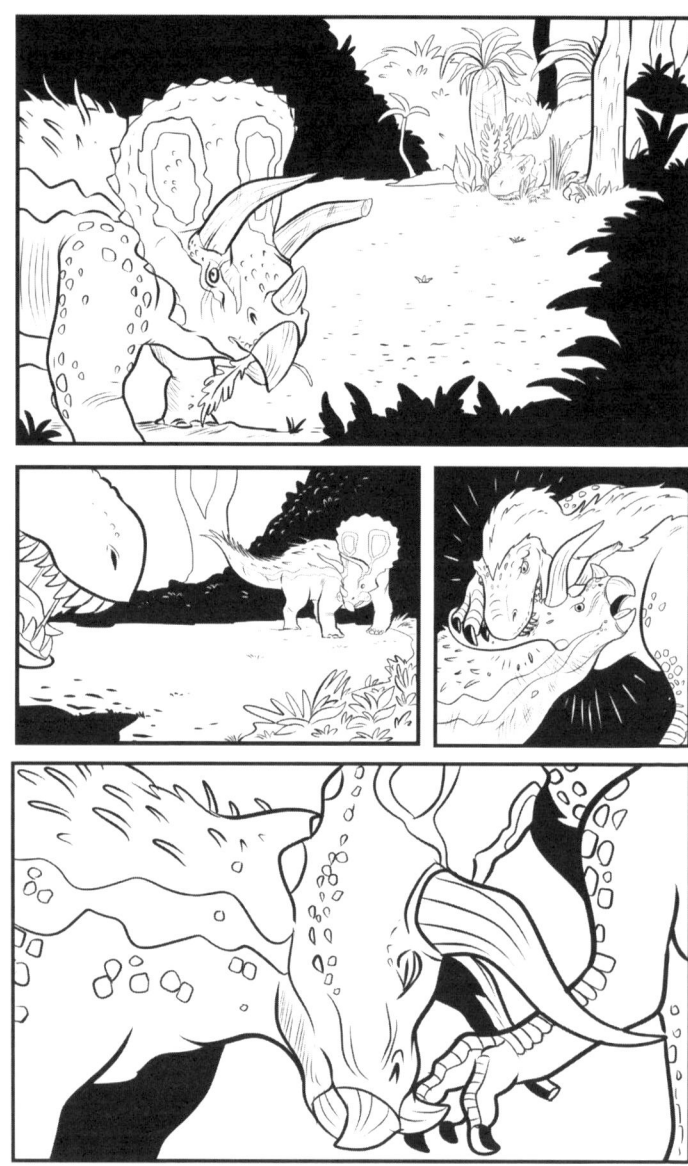

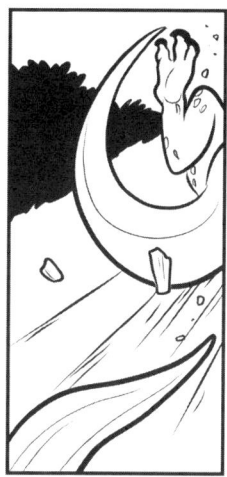

千克——想象一下将一只长颈鹿的重量集中在一平方厘米上），然后从边缘撕下一块，用牙齿破坏了头骨。这个伤听起来很严重，但没有伤到要害。三角龙虽然没有严重受伤，但它很生气，打算报复这只暴龙，暴龙退缩了。

从尺寸上看，暴龙的大脑更大，也更聪明。掠食性动物往往比它们捕猎的植食性动物更聪明。即使如此，暴龙也意识到，一只巨大而愤怒的雄性三角龙会有多危险。

这是一顿不值得为之拼命的大餐，暴龙离开了，去寻找一只更小、更年轻的三角龙，甚至是一只鸭嘴龙。

在演化领域的这场军备竞赛中，三角龙赢了。

这场想象出来的战斗背后的科学是非常有趣的。事实上，科学家们不确定三角龙的角是用来战斗的。如果是的话，那么我们会期望看到一些"排列完美的角"，但三角龙和它的亲戚之间有着各种不同数量、形状和大小的角。

也许有证据表明暴龙和三角龙之间有一次邂逅。三角龙化石在面颊骨和眼睛上方一个较大的角的边缘上有牙齿咬的痕迹。角也断裂，并呈现出愈合的迹象。这意味着什么呢？一个巨大的掠食者（唯一的嫌疑可能是暴龙）在某个时候咬了三角龙，但是因为有愈合的痕迹，我们知道它在那次遭遇中活了下来。我们不知道它们相遇时多少岁，也不知道是谁挑起了这场战斗。

三角龙	
速度	5
平均体重（吨）	8
灵活度	5
武器（牙齿、角）	8

尽管暴龙是有史以来最令人印象深刻的肉食性动物之一，但不要以为它总是追逐最大的动物作为食物。想一想狮子……它们是喜欢猎取一头巨大的成年水牛（以脾气暴躁而闻名），还是年幼的水牛、生病的水牛或年老的水牛？也许暴龙不会傻到去对付一个成年三角龙。

暴龙	
速度	7
平均体重（吨）	6
灵活度	5
武器（牙齿、角）	8

实操训练：
化石发掘者

寻找化石很有趣。如果你想找到属于自己的化石，那么这里有一些技巧。重要的是要确保你合法地、负责任地，最重要的是，安全地寻找化石！本套书中的"化石发掘者"部分将探讨何时何地是寻找化石的最佳场合，如何像对待博物馆收藏品一样照顾它们，以及如何清理它们。

最重要的部分是，"化石发掘者"会告诉你需要的设备以及如何确保安全。

当你外出寻找暴龙化石时，有一些行动规则需要遵守。有些规则用于保护你，有些则用于保护化石和环境：

即使你对该地区了如指掌，也不要独自寻找化石。

每次都要由一个成年人陪同。

许多利于寻找化石的遗址都很偏僻，你可能很容易遇到涨潮或岩石从悬崖上掉下来，还可能陷入泥潭。

带上一个火炬和一些颜色鲜艳的衣服，还有一部手机。

如果你要去任何悬崖附近，记得要戴上一顶安全帽。

如果你要去海湾，请查看潮汐时间表。

永远不要在悬崖底部寻找化石。坠落的岩石非常危险，所以除非你是古生物学家，否则不要这样做。

距离悬崖底部至少8米远。

小心峭壁的坠落物，不要在采石场进行化石采集。

冬天是寻找化石的好时机，因为大雨和风暴经常会使它们暴露，但要确保你的保暖措施已经做好，并保持良好的体力。

在寻找化石时，一定要时刻考虑你的安全。

你需要一些设备才能正确地收集化石，你需要获取所有可用的信息，并防止在回家途中对化石造成任何损害：

对于所有的化石搜集者来说，笔记本和铅笔是最重要的工具。

 记录你发现化石的地点和时间。

 画出场景——是靠近大海还是在溪床上？它是否与其他岩石相邻？它们看起来像什么？记笔记和制作详细的草图将帮助你记住相关信息，并使你成为更好的科学家。

 相机拍照也是记录大量信息的好方法，也是帮你记录所有发现的好方法。

 拿一些报纸包裹你的化石，防止它损坏。

 放大镜很方便，可以确保你看到一个真正的化石。

 如果你要敲打碎石，看看里面是否有化石，你会需要锤子、凿子和护目镜，务必记住。

你不仅仅需要很小心地照顾自己，如果你去寻找化石，你还需要成为一个负责任的采集者。我们将在另一本书的"化石发掘者"的部分讲述如何负责任地采集化石。只要能安全地采集化石并且不

破坏有价值的化石，寻找化石就是你练习成为年轻科学家或博物学家的完美方法。

你将学到很多关于物种识别的知识，你将会有一些很棒的寻找奇怪而美妙标本的冒险经历。

祝你采集愉快！

小测试答案

第 21 页

· **所有的恐龙都灭绝了吗？**

没有。

· **双足动物是什么意思？**

用两条腿走路的动物。

· **我们已知的恐龙种类有多少？**

约 1000 种，而且新种类还在不断被发现。

· **恐龙都具备的三个共同特征是什么？**

请阅读第 22 页的恐龙图鉴。你是否发现了其中的三个共同特征？

· **暴龙属于哪一个类群？**

兽脚类恐龙或者暴龙类。

· **说出两个暴龙近亲的名字。**

你了解蛇发女怪龙、惧龙、特暴龙或者艾伯塔龙中的两个吗？

第 51 页

· **到目前为止，已发现的最大的暴龙牙齿有多长？**

30.5 厘米。

· **暴龙生活在哪个时期？**

白垩纪。

· **第一批开花植物是在哪个时期演化出来的？**

侏罗纪。

· **什么是劳亚古陆？**

一块由各个古陆块组成的古大陆，存在于 9960 万年前至 6600 万年前。

· **暴龙的尾巴中有多少根椎骨？**

多达 40 根。

第 64 页

· **羽毛化石原本是什么颜色的？**

从上到下依次是黑色、白色、红色、白色、红色。

专业词汇表

巩固你的记忆.

白垩纪：

地球历史上的一个地质时期。（见本书第 19 页。此页为该词首次
出现，余同）

暴龙类：

暴龙科的所有成员。（见本书第 18 页）

暴龙科：

兽脚类恐龙中的一个大型恐龙分支。在侏罗纪和白垩纪，这些恐龙
是北半球的顶级掠食者。（见本书第 16 页）

尺骨：

连接肱骨和手腕的两条长骨之一。它一端连接在小拇指侧，另一端
有一个独特的 U 形凹槽。（见本书第 8 页）

单孔亚纲：

学名的意思是"融合弓形结构"，包括哺乳动物和一些早期类群。
单孔亚纲头骨上每只眼睛后面都有一个颞孔，这使得颌骨有很强
的肌肉附着。（见本书第 7 页）

股骨：

大腿骨，通常是身体中最长的骨头。（见本书第 9 页）

肱骨：

上肢（手臂）上最长的骨头，连接肩胛骨和前臂的桡骨、尺骨。（见本书第 8 页）

古生物学家：

利用化石来帮助研究和理解更多问题的科学家。古生物学家可以研究很多东西，包括恐龙、植物、哺乳动物、昆虫和鱼类。（见本书第 4 页）

黑素体：

动物细胞中的微小结构，负责制造和储存黑色素。黑色素是一种能帮助动物身体细胞和结构着色的色素。（见本书第 62 页）

箭石：

一种灭绝的头足动物（包括章鱼、鱿鱼和乌贼等动物）。它们看起来像鱿鱼，有十个腕，上面有小齿环。不同于鱿鱼的是，它们有坚硬的内部骨架或外壳（通常在海滩上发现）。因为它们的形状，它

们被称为箭石子弹。（见本书自序）

劳亚古陆：

由几个古陆块组成的古大陆，存在于 9960 万年前至 6600 万年前。

（见本书第 28 页）

马斯特里赫特期：

白垩纪最末期。（详见本套书的《三角龙》第 92 页）（见本书第

24 页）

桡骨：

连接肱骨和手腕的两条长骨之一。（见本书第 8 页）

肉食性动物：

只吃肉的动物。（见本书第 12 页）

三叠纪：

地球历史上的一个地质时期。（见本书第 24 页）

兽脚类恐龙：

指的是一大群两足恐龙。其中多是肉食性的，也有植食性和杂食性的。（见本书第 12 页）

双孔亚纲：

学名的意为"两个弓形结构"。鳄鱼、蜥蜴、蛇、乌龟和恐龙等，都属于双孔亚纲。（见本书第 7 页）

生态系统：

各个物种在一种特定的环境中相互作用形成的系统，叫生态系统。（见本书第 18 页）

生物力学：

研究动物和植物及其"力学"，研究它们如何移动或支撑重量以及某些结构的运作，如心脏如何工作。（见本书第 32 页）

双足动物：

用两条腿行走的动物。人类、鸟类和兽脚类恐龙都是双足动物。（见本书第 45 页）

四足动物：

四条腿走路的动物。狗、熊、剑龙和三角恐龙都是四足动物。（见本书第 6 页）

蜥脚类：

学名的意思是"蜥蜴脚"。（见本书第 14 页）

异型齿：

颌骨上不同样式的牙齿。（见本书第 41 页）

掌骨：

与指、上臂、下臂一起构成前肢。每个指从掌骨开始，以指骨结束。（见本书第 47 页）

侏罗纪：

地球历史上的一个地质时期。（见本书第 24 页）

中生代：

中生代由三叠纪、侏罗纪和白垩纪组成。（见本书第 24 页）

植食性动物：

只吃植物的动物。（见本书第 57 页）

杂食性恐龙：

食用肉和植物的恐龙。（见本书第 5 页）

指 / 趾：

手指或脚趾。（见本书第 18 页）

图片来源：

Adobestock: 3, 14 (T. rex), 16（三角龙，翼手龙），17, 18, 28, 29, 69, 84, 85, 89, 92~95（锤子），108, 109. Depositphotos: 1, 2, 21, 26, 27, 30~33（图表），39, 41, 66, 67, 69, 76（羽毛，显微镜），82, 92~95（骨骼，放大镜）. Ethan Kocak: 5, 6, 9, 11, 13, 22, 23, 24, 25, 34, 35, 38, 40, 43, 44, 46, 48~49, 51, 54, 64, 65, 72, 73, 81, 86, 87, 91, 97, 99. Gabriel Ugueto: 62~63. Istock: 68. Scott Hartman: 19, 52, 56~57, 58~59, 60~61. Shutterstock: 14, 15, 16（鳄鱼，鸡），68.

* 上述图片来源与原版书所有信息一致。

古生物艺术家斯科特·哈特曼的说明：
    我画的暴龙骨骼插画原型来自美国芝加哥市的菲尔德自然历史博物馆编号 FMNH PR2081 的暴龙化石标本"苏"。"苏"被发现于美国南达科他州，仍是目前已知最完整、最大的暴龙骨架。